我的第一飞机知识大全

施鹤群 梁瑞彬 编写

北方联合出版传媒（集团）股份有限公司
辽宁少年儿童出版社
沈阳

图书在版编目(CIP)数据

我的第一本飞机知识大全 / 施鹤群, 梁瑞彬编写. —
沈阳 : 辽宁少年儿童出版社, 2023.1（2025.3重印）
　（万有童书）
　ISBN 978-7-5315-9135-1

　Ⅰ.①我… Ⅱ.①施… ②梁… Ⅲ.①飞机—儿童读物
Ⅳ.①V271-49

中国版本图书馆CIP数据核字（2022）第089001号

出版发行：北方联合出版传媒（集团）股份有限公司
辽宁少年儿童出版社
出版人：胡运江
地址：沈阳市和平区十一纬路25号　邮编：110003
发行部电话：024-23284265 23284261　总编室电话：024-23284269
E-mail:lnsecbs@163.com
http://www.lnse.com
承印厂：辽宁新华印务有限公司

责任编辑：孟　萍		责任校对：李　婉
封面设计：姚　峰		版式设计：姚　峰
责任印刷：孙大鹏		

幅面尺寸：210mm × 218mm
印　　张：8　　　　字数：135千字
出版时间：2023年1月第1版
印刷时间：2025年3月第3次印刷
标准书号：ISBN 978-7-5315-9135-1
定　　价：38.00元

前　言

　　你喜欢蓝天吗？你是否也想过做一名了不起的飞行员，驾驶飞机翱翔在天地之间？你想知道什么飞机载客量最大、什么飞机飞得最快吗？快翻开《我的第一本飞机知识大全》吧，让它带你认识飞机的种类和用途，了解飞机的飞行原理，还有发生在它们身上的小故事。精美的图片和贴心的注音，让你在轻松愉快的阅读中学到有关飞机的知识，成为人人羡慕的飞机"小百科"！

目　录

人类的翅膀——飞机

20世纪初，当莱特兄弟驾驶着一架飞机，成功飞上天空之后，人们才正式宣告：飞行之路终于畅通了。从飞机翱翔在天际的那一刻起，它不仅承载着众多人的梦想，也凝聚着千万人

美国莱特兄弟正在试飞他们发明的第一架飞机

的心血和汗水。飞机的发明不但改变了全球的交通、经济，也改变了人类的生活……

飞机的发明

1903年12月17日，世界上第一架有动力装置的飞机诞生了，当时人们并没有意识到飞机会在此后的各个领域中起到巨大的作用。在飞机出现后的最初十几年里，它基本上是一种娱乐工具，主要用于表演。但在第一次世界大战爆发后，飞机开始应用于军事领域。各种侦察机、战斗机、轰炸机、攻击机相继出现并投入应用。

运输领域

飞机是现代文明中不可缺少的客运工具，错综复杂的空中航线把世界各国连接起来，增进了人们之间的相互沟通、相互理解和相互促进，也推进了人类的文明。飞机也是不可或缺的货运工具，许多工业发展所需的原料拥有了新的运输渠道。

国防利器

军用飞机在现代国防中的作用举足轻重。它在有效追踪和拦截来犯敌机、掌握重要的制空权上起着重要的作用。另外，军用运输机也可以进行长距离的装备、兵员投送，提高作战效率。

科学探索

飞机也被广泛应用于航空遥感。人们使用装备了照相机或者一种被称为肖兰系统的电子设备的飞机，可以迅速而准确地对人类难以深入的险峻和复杂地区进行地形测绘，人们只要把从空中拍摄的照片拼接起来，就能绘制出完整的地形图。

fēi jī de gòu zào
飞机的构造

飞机的构造很复杂,主要由机身、动力装置、操纵系统、机翼、尾翼和起落架六个部分组成。机身是飞机的主体,用来装载各种设备,有的还要装载人员和货物;动力装置通过燃料为飞机提供助跑和持续飞行的动力;操纵系统是飞行员操纵飞机的重要设备;机身两侧的机翼帮助飞机在空中保持稳定飞行;机身尾部的尾翼可以用来改变飞行姿态;机身下方的起落架用于飞机的起飞和降落。

驾驶室　　机身　　垂直尾翼　　机翼　　水平尾翼　　发动机　　起落架

fēi jī wèi shén me néng fēi qǐ lái
飞机为什么能飞起来？

飞机自身重达百吨，有的还要承担运输任务，之所以能飞起来，全靠发动机和机翼的相互配合。

发动机是飞机的"心脏"，机翼是飞机的"翅膀"。飞机起飞前，发动机提供的强大动力会推着飞机向前跑，达到一定的速度后，前方的空气就会在飞机下方形成强大的气流，把飞机的机头抬起来。当气流吹过机翼时，机翼就会凭借着这股向上托举的力量，将整架飞机抬离地面，送上蓝天。

9

怎样给客舱保暖？

大型客机一般在 9000~10000 米的高空飞行，那里的平均气温低于-50℃，极其寒冷。为了保暖，整架飞机的客舱和货舱外都裹着一件特制的"棉袄"，它是一种用无机玻璃制成的玻璃棉，不仅保暖，而且重量也很轻。另外，飞机起落架的位置也铺着电阻加热丝，可以在空中通电保暖，防止乘客冻脚。

怎样进行空中加油？

飞机一般是在地面补充燃料的，但在执行长时间飞行任务时，就需要空中加油机在空中为它们补加燃料。

空中加油有两种方式：软管加油和硬管加油。软管加油系统在加油时，加油机抛出一根长16～30米的软管，受油机从后下方接近，将机头或翼尖上的受油管插入软管，接收燃料。硬管加油系统在加油时，加油机从尾部伸出一根总长约14米的可伸缩加油管，插入受油机机头上方的受油口，自动锁定后就可以补加燃料了。

客机
kè jī

客机一般指民航客机,是一种体型比较大、载客比较多的集体飞行运输工具,用于来往国内和国际商业航班。民航客机一般由航空公司运营。按航程划分,客机可分为短程、中程、远程三种;按起飞重量和载客量划分,可分为小型、中型、大型三种;按驱动方式来划分,可分为螺旋桨式客机、喷气式客机两种。

DO-X客机

德国道尼尔DO-X客机是两次世界大战期间最大的水上飞机。它的机翼上方装有两两串置的发动机12台,飞行速度和机动性都很出色,而且不需要在专门的机场起飞。道尼尔DO-X客机共生产了三架,其中两架出售给了意大利,在试用中证明它并不适合在商业航线上运营。德国保留的一架收存于德国航空博物馆,第二次世界大战中盟军轰炸柏林时,道尼尔DO-X客机被炸毁了。

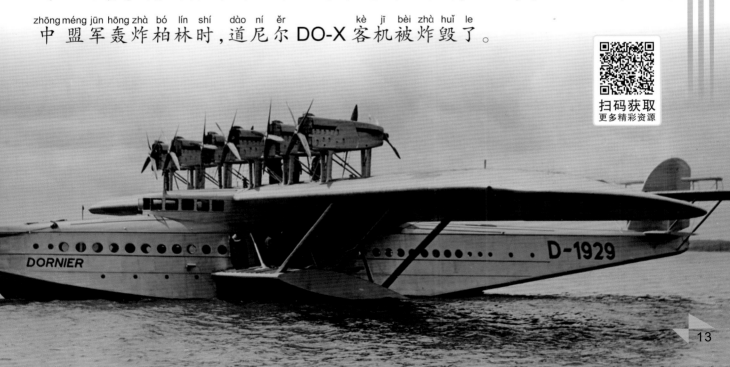

DC-3客机

享有"改变世界的飞机"美誉的道格拉斯DC-3,是历史上第一个成功融合了五项关键飞行技术的航空器,也是产量很高的民航机种,它自1935年问世以来,共生产了13000余架。不仅如此,DC-3一经投入运营,就改变了航空公司亏损的局面,使民航迈出了商业发展的关键一步。就像美国航空公司董事长所说:"DC-3是第一架依靠运载旅客也能赚钱的飞机。"毫不夸张地说,DC-3的问世是民用航空史上一个重要的里程碑。

"三叉戟" 客机

英国设计的"三叉戟"客机是世界上第一种可以完成全自动着陆的商业民航飞机。为了适应欧洲多雾天气时机场的起降条件,"三叉戟"客机特别注重提高自动驾驶仪的水平。它装有史密斯自动着陆三余度系统,可以完成从下滑至机轮接地全自动着陆。"三叉戟"客机可以载客101人,气动布局很新颖。它装有三台涡轮风扇发动机,其中有两台分别装在飞机尾部两侧,另一台装在垂直尾翼的根部。这种尾部三发布局可以降低机舱内的噪声,使乘客有非常舒适的乘坐体验。

"协和"客机

"协和"客机是由英国和法国于1969年研制的一种超音速客机。在当时，它的电子设备算是比较先进的，特别是在自动飞行方面，完全能按照地面的指令，在无飞行员操纵的情况下自动进行起飞与降落，保障了较高的安全性。但它的高制造成本和高油耗造成其票价昂贵，再加上载客量小、噪声大等缺点，让很多航空公司对它敬而远之。命运多舛的"协和"客机最终在服役27年后退出了历史舞台。

图-154客机

图-154客机是由苏联图波列夫设计局研制的一种中程客机。它安装了惯性导航系统、多普勒导航系统以及自动飞行控制系统,成为当时令苏联人骄傲的最先进的民航客机。图-154客机的机翼采用常规的三梁结构,但在机翼的安装角度上稍微做了改变,这样的构造可以降低阻力。它的主起落架每侧都有6个机轮,减少了每个机轮上的压强,便于飞机在简易跑道上起降。图-154客机的机身横切面为圆,但机窗却是矩形加圆角的。

扫码获取
更多精彩资源

图-154客机机舱内部

波音737客机

bō yīn　　　 kè jī

　　波音737是美国波音公司生产的中短程双发喷气式客机。由于它的设计精良、可靠性高、使用成本低、客户满意度高，广受各大航空公司的青睐，大获成功。波音737客机是不折不扣的"劳模"，不仅服役年限长，而且机队的安全记录比全球喷气机机队平均记录好很多，事故率在大型客机平均事故率的50%以下。

波音767客机

波音767是美国唯一具有60吨国际货运能力的飞机，它在所有宽体客机中每次飞行的运营成本很低。与早期的波音飞机相比，波音767的机翼更厚、更长，后掠角略小，这使其具有优异的起飞性能和燃油经济性。波音767所有的客运型飞机都采用了乘客喜欢的新型客舱设计，运用新颖的照明技术，采用更大的行李箱，改进机上娱乐系统的界面，为乘客营造了一种宽敞舒适的感觉。因此波音767各个等级的客舱都得到了乘客的高度评价。

A380客机

素有"空中巨无霸"之称的A380客机是目前世界上最大的客机，可以载客555人，航程最远达15000千米。它的出现结束了波音747在大型运输机市场上30年的垄断地位，改写了人类航空史。A380客机是目前世界上唯一采用全机身长度双层客舱、四通道的民航客机。另外，A380客机的诸多设计中均考虑了机场兼容性，使得机场只需进行最小的改进和最低限度的投资就能适用于这一超大容量机型的运营。

A380客机机舱内部

yùn shū jī
运 输 机

　　运输机是一种用于运送军事人员、武器装备和其他军用物资的飞机。它们具有较大的载重量和较强续航能力，能实施空运、空降、空投，保障地面部队快速运转。运输机有较完善的通信、领航设备，能在昼夜复杂气象条件下飞行。有些军用运输机还装有自卫武器。

yùn shū jī
JU52运输机

JU52运输机是德国容克公司推出的一款运输机，它几乎参与了德军的所有行动，是纳粹德国空军的著名主力运输机。1940年4月9日，纳粹德国空军兵团第八中队的JU52运载空降兵第一团四连从尤太森机场起飞，只用了4个小时便占领了丹麦。但作为一种老式运输机，JU52运输机只有7000千克的运载力，最大航程也只能达到1000千米。

yùn shū jī
A400M运输机

进入20世纪90年代,北约国家普遍使用的C-130"大力神"运输机已无法满足新的战略需要,于是,欧洲空中客车公司主导研发了A400M运输机,来抢占由"大力神"腾出的2000余架运输机的市场份额。A400M运输机体积极为庞大,光机身就有45.1米长,被认为是有史以来西方建造的最大的涡轮螺旋桨飞机。该机的最大运载力可达到37吨,最高巡航速度能达到每小时882千米,还配备了空中加油设备,并可在2小时内改装成一架加油机。

ān yùn shū jī

安-70运输机

jìn rù　　　　shì jì hòu　é luó sī yǔ wū kè lán liǎng guó jīng jì chí xù zǒu dī　yú shì tā men hé
进入20世纪后，俄罗斯与乌克兰两国经济持续走低，于是它们合

zuò yán fā le xǔ duō xiān jìn de jūn yòng fēi jī　lì tú huàn qǔ wài huì　ān　　yùn shū jī jiù shì zài zhè
作研发了许多先进的军用飞机，力图换取外汇，安-70运输机就是在这

zhǒng qíng kuàng xià dàn shēng de　gāi jī de dú tè zhī chù shì cǎi yòng le　tái　　fā dòng jī hé
种情况下诞生的。该机的独特之处是采用了4台D-27发动机和CV-27

duì zhuàn jiǎng shàn　zhè shǐ zǒng zhòng wéi　　dūn de ān　zài
对转桨扇，这使总重为47吨的安-70在3800~7400千

mǐ jù lí de yùn zài lì dá dào　　　dūn　jī běn yǔ měi guó　　　pēn qì
米距离的运载力达到25~35吨，基本与美国C-141喷气

shì yùn shū jī de yùn zài liàng xiāng dāng
式运输机的运载量相当。

C-47 "空中列车" 运输机

第二次世界大战捧红了一大批飞机，美国C-47"空中列车"运输机就是其中之一。作为"二战"中最著名的全金属结构军用运输机，该机曾被广泛装备于美国陆军航空队，主要用于空运物资、兵员和空投伞兵，并以良好的综合性能在战火中大放光芒。

C-130 "大力神"运输机

它是美国历史上最成功、服役时间最长、生产数量最多的现役运输机,享有"大力神"的美誉,它就是洛克希德公司生产的C-130运输机。由于率先采用了高单翼、四发动机、尾部大型货舱门的机身布局,奠定了"二战"后的中型运输机的设计"标准",就连许多重型运输机也采用了与之相似的设计,因此它被看作是现代运输机的"鼻祖"。目前,被广泛装备于世界各国军队的"大力神"已奔波了60多年,但依然宝刀未老,继续发挥着重要作用。

向战场运送或空投军事人员和装备，返航
时可用于撤退伤员。

安-124 "鲁斯兰" 运输机
ān　　　　　　　　lǔ sī lán
yùn shū jī

zài　　　　　　nián de yīng guó fàn bǎo
在 1986 年的英国范堡

luó guó jì háng zhǎn shang　lái zì sū lián de
罗国际航展上，来自苏联的

ān-124　 lǔ sī lán　 yùn shū jī yǐ
安-124 "鲁斯兰" 运输机以

mǐ de jī shēn cháng dù　dāng xuǎn wéi dāng shí de　　　shì jiè zuì dà fēi jī　　zài guó jì shang yǐn qǐ
69.10 米的机身长度，当选为当时的 "世界最大飞机"，在国际上引起

jí dà hōng dòng　ér zǎo zài　　nián　zhè zhǒng fēi jī jiù zài zhe　　　　　　qiān kè de wù zī shàng shēng
极大轰动。而早在 1985 年，这种飞机就载着 171219 千克的物资上升

dào　　　　mǐ de gāo kōng　shuā xīn le yóu　　yín hé　yùn shū jī chuàng zào de zài zhòng gāo dù shì jiè
到 10750 米的高空，刷新了由 C-5 "银河" 运输机创造的载重高度世界

jì lù　gāi jī yōng yǒu hěn dà de huò cāng　shèn zhì lián
纪录。该机拥有很大的货舱，甚至连

pǔ tōng fēi jī jī shēn　huà gōng chǎng tǎ jiàn zhè
普通飞机机身、化工厂塔件这

yàng de dà xíng huò wù dōu néng yùn zài
样的大型货物都能运载。

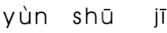

安-225 "梦想" 运输机

如果说安-124"鲁斯兰"运输机体型庞大,那么机身比"鲁斯兰"长15米、总长度达84米的安-225"梦想"则是当之无愧的运输巨无霸。

事实上,该机不仅是苏联历史上唯一一架离陆重量超过600吨的超大型军用运输机,也是迄今为止全世界最大的运输机,创下多项离陆重量300吨以上等级机种的世界纪录。遗憾的是,安-225只制造了一架。苏联解体后,安-225由乌克兰接管,又因经济状况不佳,导致它一度报废,其巨大的运载力就这样白白浪费了。

每个主轮有14个小轮

C-5 "银河"运输机

それ拥有120吨的载重量，是仅次于乌克兰安-225运输机的世界第二运输机，仅油箱的容量就和一个小型游泳池相当，这便是有"空中大力士"之称的C-5"银河"运输机。该机最与众不同的设计是它的"免下车装卸服务"，即装甲车能够由"银河"的尾部进入货舱，再从位于驾驶舱下方的前舱门驶出。除此之外，"银河"还可以在崎岖不平的战地跑道上起降，这对于体态笨重的大型运输机来说是非常难能可贵的。

C-17 "全球霸王Ⅲ" 运输机

quán qiú bà wáng

yùn shū jī

lái zì měi guó de　　　　quán qiú bà wáng　　　dāng shǔ yùn shū jī jiè de yì duǒ qí pā　　tā céng yǐ
来自美国的 C-17"全球霸王Ⅲ"当属运输机界的一朵奇葩,它曾以

yì lián chuàn de shì jiè jì lù zhé fú le zhěng gè shì jiè　　　　　　　nián tā céng　　cì zài huò yùn
一连串的世界纪录折服了整个世界:1993—1994 年,它曾22次在货运

zhōng chuàng zào le pá gāo hé sù dù jì lù　　　　　　nián tā zài měi guó ài dé huá zī kōng jūn jī dì chuàng
中 创 造 了爬高和速度纪录;2001 年,它在美国爱德华兹空军基地创

zào le　　xiàng háng kōng xīn jì lù　　　zhè yí qiè jūn dé yì yú mài dào gōng sī zài tā shēn shang suǒ cǎi yòng
造了 13 项航空新纪录……这一切均得益于麦道公司在它身上所采用

de kě kào de xīn jì shù　　zhè xiē jì shù shǐ　　　de zuò zhàn fàn wéi hé zuò zhàn néng lì zài yùn shū jī
的可靠的新技术。 这些技术使 C-17 的作战范围和作战能力在运输机

jiè wú jī néng jí céng jīng bù kě yí shì de　　zhòng xíng yùn shū jī hé　　　　zhōng xíng yùn shū jī
界无"机"能及,曾经不可一世的 C-5 重型运输机和 C-130 中型运输机

zài tā miàn qián yě dùn jué ǎi le sān fēn
在它面前也顿觉矮了三分,

yuán yīn jiù zài yú　　　　jǐ hū jù bèi
原因就在于 C-17 几乎具备

le zhè liǎng zhǒng yùn shū jī jué dà bù fen
了这两 种运输机绝大部分

kōng yùn néng lì
空运能力!

C-17在运送兵员时，可在货舱的每一侧布置27个可折叠座椅，机身中部还可安装48个座椅。

CH-47 "支努干"
运输直升机

CH-47是波音公司于1956年开始研制的一种多功能、双发动机、双螺旋桨的中型运输直升机。CH-47的适应性非常强，能够适应各种恶劣的天气环境。它的运输能力也很强，一次可运载35名武装士兵或1个炮兵排，还可吊运火炮等大型装备。而作为一种双旋翼纵列式直升机，CH-47具有更安全的飞行特性。这种布局设计对技术和机械设计能力要求很高，使得它的造价高昂。

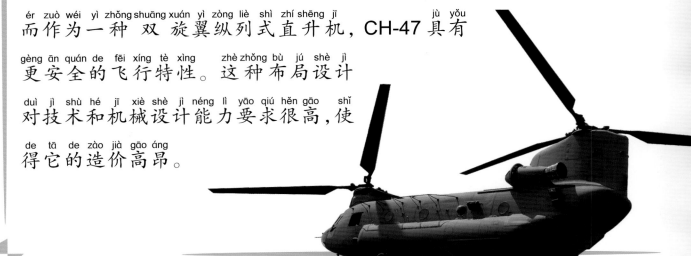

V-22 "鱼鹰" 运输机

V-22 是由美国贝尔公司和波音公司在 1989 年联合推出的一种中型运输机。它最大的外形特征就是位于机翼两端大大的螺旋桨。这两个螺旋桨可以像直升机那样水平放置,也可以向前旋转 90 度,让 V-22 瞬间由直升机变身为一架普通的螺旋桨飞机。V-22 可满足 32 种军事任务的需求,并能赋予战场指挥官更多的选择和更大的灵活性。它速度快、噪声小、航程远、载重量大、耗油量低、维护简单,不需要机场和跑道,大大提升了军队布防、救援等行动的速度。

侦察机

zhēn chá jī

在战争中,对阵双方了解彼此的情况非常重要,而这时,有"空中哨兵"之称的侦察机就派上了用场。事实上,自从飞机诞生后,在战场上最早执行任务的就是侦察机。百余年来,侦察机的隐身性能、高速性能以及机载电子设备的性能都在不断提高,已发展成一股强大的空中力量,在现代战争中扮演着愈来愈重要的角色。

OS2U "翠鸟" 侦察机

OS2U侦察机由美国沃特公司设计研制，是美国海军第一款可以由舰载弹射器弹射升空的单翼机。它能在水面或陆上降落，可作为侦察机、反潜机和救援机使用。在救援直升机出现之前，OS2U"翠鸟"侦察机简直就是遇险飞行员眼中的救星。1942年，它曾营救第一次世界大战时期最杰出的空中英雄——美国飞行员埃迪·里肯巴克。当时埃迪·里肯巴克驾驶B-17轰炸机在太平洋海面迫降，是OS2U使他成功获救。在同一天，它还救出了另外两名飞行员。

U-2 侦察机

U-2 侦察机是美国洛克希德公司于 20 世纪 50 年代研发的一款高空高速战略侦察机。在设计之初，就要求新机必须飞得比喷气式战斗机更高，这样才能有效躲避拦截。而事实证明，U-2 侦察机的表现绝对让人满意。它的飞行高度可达 20000 米以上，在 20 世纪 60 年代，还没有哪款喷气式战斗机可以飞上如此高的天空，所以 U-2 侦察机从未在实战中被战斗机成功拦截。另外，因为可携带燃料量大，U-2 侦察机有着极长的航程，在不进行空中加油的情况下可一次飞行上万千米，这在当时也是非常大的优势。

扫码获取
更多精彩资源

zhēn chá jī RC-135侦察机

zhēn chá jī shì měi guó wèi quán miàn jiān shì sū lián dàn dào dǎo dàn jī dì jí shì
RC-135侦察机是美国为全面监视苏联弹道导弹基地及试

yàn qíngkuàng yǐ yùn shū jī wéi jī chǔ gǎi zhuāng ér lái de yì kuǎn gāo kōng diàn zǐ zhēn
验情况，以C-135运输机为基础改装而来的一款高空电子侦

chá jī gāi jī shì měi guó kōng jūn zhēn chá bù duì zhōng fú yì shí jiān zuì cháng fēi xíng xìng néng
察机。该机是美国空军侦察部队中服役时间最长、飞行性能

jiào wěn dìng de yì zhǒng zhòng yào zhàn lüè zhēn chá píng tái tōngcháng duì mù biāo jìn xíng gāo kōng yuǎn
较稳定的一种重要战略侦察平台，通常对目标进行高空远

chéng zhàn lüè zhēn chá tā zhuāng yǒu gāo jīng dù diàn zǐ guāngxué tàn cè xì tǒng hé xiān jìn de léi
程战略侦察。它装有高精度电子光学探测系统和先进的雷

dá zhēn chá xì tǒng kě yǐ sōu jí duì fāng léi dá de pín lǜ bǔ zhuō duì fāng diàn tái fā chū de
达侦察系统，可以搜集对方雷达的频率，捕捉对方电台发出的

diàn zǐ xìn hào néng zhuī zōng dǎo dàn fēi xíng zhuàng tài jiǎn zhí wú kǒng bú rù
电子信号，能追踪导弹飞行状态，简直无孔不入。

RC-135侦察机舱内的电子侦察分析设备

SR-71 "黑鸟" 侦察机
hēi niǎo
zhēn chá jī

shuō qǐ　　　　　zhēn chá jī　rén men xiǎng
说起 SR-71 侦察机，人们想

dào de dì yī gè cí jiù shì　gāo sù　　tā de
到的第一个词就是"高速"。它的

fēi xíng sù dù kě yǐ dá dào　　bèi yīn sù yǐ shàng　lián zuì xiān jìn de fáng kōng dǎo dàn yě zhuī bú shàng tā
飞行速度可以达到 3 倍音速以上，连最先进的防空导弹也追不上它。

jiā shàng tā de fēi xíng gāo dù kě dá　　　mǐ　suǒ yǐ zài　　yú nián de fú yì shēng yá zhōng tā cóng
加上它的飞行高度可达 25000 米，所以在 30 余年的服役生涯中，它从

wèi bèi chéng gōng lán jié　jī luò guo　gèng yǒu yì si de shì　　de jī yì shang zhuān mén shè jì le
未被成功拦截、击落过。更有意思的是，SR-71 的机翼上专门设计了

yì xiē liè fèng　fēi xíng shí　rán yóu huì cóng liè fèng zhōng pēn sǎ ér chū　yīn wèi　　zhēn chá jī zài
一些裂缝，飞行时，燃油会从裂缝中喷洒而出。因为 SR-71 侦察机在

gāo sù fēi xíng shí jī yì huì yīn wèi shòu rè ér péng zhàng　wèi bì miǎn sǔn huài jī yì　jiù yù liú le zhè xiē
高速飞行时机翼会因为受热而膨胀，为避免损坏机翼，就预留了这些

xiǎo fèng xì　dāng tā gāo sù fēi xíng shí　zhè xiē xiǎo fèng xì jiù huì zì dòng bì hé　jiǎn qīng jī yì de péng zhàng
小缝隙。当它高速飞行时，这些小缝隙就会自动闭合，减轻机翼的膨胀

yā lì
压力。

RQ-1 "捕食者" 无人侦察机

RQ-1 无人侦察机是美国通用原子公司研发的一款无人航空器，主要用于侦察和监视。RQ-1 性能突出，适应战场环境能力强，成为21世纪初期最著名的军用无人侦察机之一。RQ-1 在很多方面都有着非常大的优势。别看它的体型庞大，但因为特殊的设计，地面火力很难击中它。而它产生的红外线也不明显，所以导弹很难追踪到它。如果遇到拦截，RQ-1 还可以做出一连串惊险的动作来脱身。RQ-1 就是用这样的方式，在硝烟纷飞的战场上多次成功执行侦察任务，并全身而退。

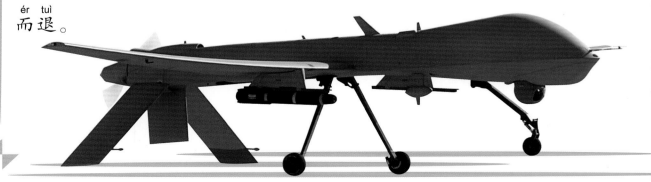

RQ-4 "全球鹰"无人侦察机

RQ-4 是美国诺斯罗普·格鲁曼公司研发设计的一款多功能无人侦察机，可执行侦察、监视和目标搜索等多项任务。RQ-4最大的特点就是具有长时间连续飞行的能力，在不进行空中加油、以节省燃料的方式飞行时，它的单次最远飞行距离可达14000千米，所以被称为"全球鹰"。RQ-4的设计时速并不高，在执行任务时，它往往利用自己飞得高的优势，先在高空飞行，等抵达目标区域附近时，再降低飞行高度进行侦察活动。

zhàn dòu jī
战斗机

战斗机是一种用于在空中消灭敌机和其他飞航式空袭兵器的军用飞机。它的主要任务是与敌方战斗机进行空战，夺取空中优势。其次是拦截敌方轰炸机、强击机和巡航导弹，还可携带一定数量的对地攻击的武器，执行对地攻击任务。

zhàn dòu jī
F.E.2 战斗机

　　第一次世界大战初期，在敌方阵地上空进行侦察，是当时军用飞机的主要任务。没有人能够想到，这些重复性的侦察行动后来竟然促成了战斗机的产生。这种在机头或机身前部装有武器的飞机在"一战"后期大放异彩，其中，英国的 F.E.2 战斗机最具代表性。该机在座舱前方可装配一或两挺刘易斯机枪，既能侦察，又能进行空中格斗，已具战斗机的雏形。

DR.1战斗机

与占主导地位的双翼战斗机相比，第一次世界大战中的单翼机和三翼机绝对属于稀罕货。在三翼机中最著名的当数德国福克DR.1了，除了奇特的三翼外形外，该机还具有出色的机动性能，适合与敌人进行近距离格斗。因此，它获得了许多技艺高超的飞行员的青睐，著名飞行员曼弗雷德·冯·里希特霍芬就是其中之一。尽管他的许多战绩是在"信天翁"飞机上取得的，但性能卓越的福克DR.1在他心中仍是最出色的。

"骆驼" 战斗机

"骆驼"战斗机是英国索普威斯公司于1916年开始设计的一种小巧而精良的战斗机，无论是机动性，还是火力都非常棒！由于它所安装的两挺机枪上方各罩有一个鼓包，如同驼峰，因而得名"骆驼"。从1917年7月到1918年11月期间，"骆驼"共击落军机1294架，刷新了第一次世界大战中单机种战果纪录！

jù fēng zhàn dòu jī
"飓风" 战斗机

"飓风"战斗机是"二战"中闻名遐迩的飞机，它首先因惨败给纳粹德国BF109战斗机而出名，接着又因为在不列颠空战中大败纳粹德国BF110战斗机而名声大噪。在这次著名战役中，"飓风"击落的敌机数量几乎是英国其他战斗机击落敌机数量的总和，让人刮目相看。"二战"期间，英国战斗机的发展主要侧重于提高发动机功率和武器装备火力，"飓风"战斗机也不例外，它很快拥有了高速度和大火力。

F6F "地狱猫" 战斗机

F6F "地狱猫" 战斗机是 "二战" 中美国海军的标准舰载战斗机,有 "舰载战斗机之王" 之称。该机既大又重,但却有足够的速度和灵活性,是太平洋战场上最杰出的飞机之一,在和日本法西斯的 "零" 式战斗机交战时获得了巨大成功。此外,它的机身非常坚硬,被飞行员趣称为 "格鲁曼炼铁厂的杰作"。F6F "地狱猫" 的出现,使持续作战后损伤的飞机不再面临必毁无疑的结局。

可折叠式机翼,该机翼具有典型的格鲁曼向后折叠特征,以便放置在机身两侧。

P-38 "闪电" 战斗机

P-38"闪电"战斗机是美国洛克希德公司研制的第一种军用飞机,被认为是第二次世界大战中美国最好的战斗机。它配备了双发动机和重型武器,拥有高速度、重装甲、强火力等许多令日军闻风丧胆的优良特性。太平洋战场上众多的美军王牌飞行员均驾驶该机创下了不凡的战绩。

扫码获取
更多精彩资源

66

pēn huǒ　zhàn dòu jī
"喷火" 战斗机

pēn huǒ　shì yīng guó chāo jí mǎ lín gōng sī zuì wéi dé yì de zuò pǐn zhī yī　yě shì zǎo qī yīng guó
"喷火"是英国超级马林公司最为得意的作品之一,也是早期英国

zuì xiān jìn de zhàn dòu jī zhī yī　zài zhěng gè dì èr cì shì jiè dà zhàn zhōng　tā shǐ zhōng fèn zhàn zài zhàn
最先进的战斗机之一。在整个第二次世界大战中,它始终奋战在战

zhēng de zuì qián xiàn chuàng zào le bù xiǔ zhàn jì　chéng wéi hòu rén gōng rèn de　èr zhàn míng jī　gāi jī de
争的最前线,创造了不朽战绩,成为后人公认的"二战"名机。该机的

chéng gōng zhī chù zài yú cǎi yòng le dà gōng lǜ de huó sāi shì fā dòng jī hé liáng hǎo de qì dòng jié gòu　tā
成功之处在于采用了大功率的活塞式发动机和良好的气动结构。它

de jī tóu chéng bàn fǎng chuí xíng　yǔ dāng shí qí tā fēi jī cǎi yòng de píng tū ér cū dà de jī tóu xiāng bǐ　zhè
的机头呈半纺锤形,与当时其他飞机采用的平秃而粗大的机头相比,这

zhǒng wài xíng jù yǒu zhěng liú xiào guǒ hǎo　zǔ lì xiǎo de yōu shì
种外形具有整流效果好、阻力小的优势。

jī yì cǎi yòng le tuǒ yuán píng miàn xíng zhuàng de xuán bì shì xià dān
机翼采用了椭圆平面形状的悬臂式下单

yì　suī rán zhì zào gōng yì fù zá　dàn què jù yǒu liáng hǎo de
翼,虽然制造工艺复杂,但却具有良好的

qì dòng xìng néng
气动性能。

A6M "零" 式战斗机

A6M"零"式战斗机是日本海军从1940年到1945年的主力舰载战斗机，从中国战场一直使用到第二次世界大战结束，整个太平洋战区都可以见到它的踪影，堪称日本在"二战"时最知名的战斗机。该机最大的优势是具有优异的垂直机动性能，敌机在与其交战时，很难从背后将其咬住，甚至还有可能被迅速反转咬住。此外，它还具有火力强和航程远等优势。

BF109战斗机

纳粹德国的 BF109 战斗机是第二次世界大战中生产数量最多、生产时间最久的战斗机。从"二战"前的西班牙内战到"二战"结束，从西线欧洲战场到东线德苏战场，它都是"二战"德国空军的标志。在整个"二战"中，德国空军一半以上的战果都是它取得的。该机不管是在截击、支援、夜间战斗、侦察、护航还是地面攻击方面，都证明了自己优异的性能。BF109 取得如此优秀的成绩，缘由之一是它采用了两项全新设计：无支撑下单翼和可收放起落架。这两项技术在当时非常先进，以至于德国空军技术室负责人乌迪特看到它的设计蓝图后惊讶地说："这根本就不是一架战斗机！"

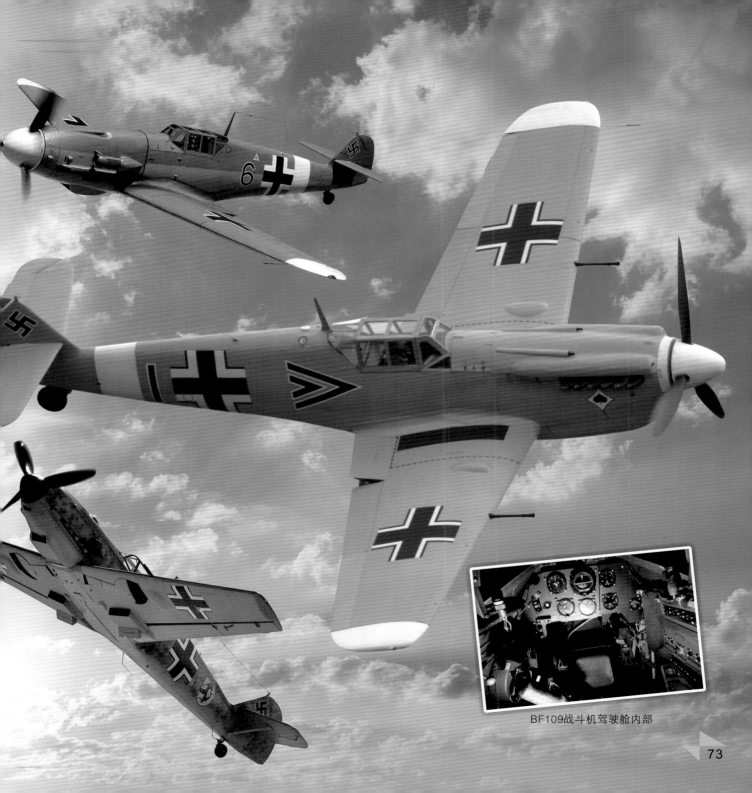

BF109战斗机驾驶舱内部

P-51 "野马" 战斗机

它是第二次世界大战期间美国性能最好的战斗机之一，也是最好的活塞螺旋桨战斗机之一；它拥有近乎完美的操控性能和15000余架的庞大生产量。它就是美国的P-51 "野马" 战斗机。更惊人的是，在欧洲战场上，它竟然以2500架的损伤，击落和击毁地面敌机9081架，成为名副其实的 "歼击机之王"。

ME262战斗机

在世界战斗机的发展史上，纳粹德国ME262战斗机的地位绝对不容小觑，因为它是人类航空史上第一种用于实战的喷气式战斗机，它那呼啸着的喷气式发动机和后掠式机翼不仅标志着战斗机发展的新方向，而且掀开了空战史上新的一页。虽然该款战斗机被身陷绝境的德国空军视为最后的救命稻草，但是由于它在"二战"后期才投入战斗，再加上飞行员对驾驶这款新式战斗机的训练不足，接连造成技术失误，ME262最终还是没能挽回德国失败的结局。

米格-15 "柴捆" 战斗机

作为世界上第一种实用的后掠翼飞机，米格-15战斗机在苏联具有极高的地位，是苏联第一代喷气式战斗机的代表。事实上，以米格-15优良的高空高速飞行性能、加速性能和爬升性能，评选它为世界第一代喷气式飞机中的模范也不为过。它在朝鲜战场上和美国F-86的数次较量中所表现出的灵活机动曾令西方国家大为震惊。

"幻影" F-1战斗机

"幻影"F-1是一款由法国达索航空公司制造的全天候战斗机，给它配备不同的武器和设备，它就可以完成制空、截击、低空对地攻击等不同任务。"幻影"F-1具有高空高速、载弹量大、航程远、机动性良好、对地攻击性强、可在简易机场起落等特点。它曾一度成为法国的主力战斗机，同时大量出口国外。

mǐ gé
米格-21 "鱼窝"
yú wō
zhàn dòu jī
战斗机

sū lián yán zhì de mǐ
苏联研制的米
gé-21 yú wō zhàn dòu jī
格-21 "鱼窝" 战斗机
de shè jì chū zhōng shì zuò wéi
的设计初衷是作为

guó tǔ fáng kōng jié jī jǐ shǐ yòng suǒ yǐ tā yōng yǒu gāo kōng gāo sù qīng qiǎo pá shēng kuài kě jié jī rù
国土防空截击机使用，所以它拥有高空、高速、轻巧、爬升快、可截击入

qīn dí jī de yōu liáng xìng néng zài jiā shàng dī lián de jià gé tā hěn kuài jiù chéng wéi yuè nán zhōng dōng děng
侵敌机的优良性能。再加上低廉的价格，它很快就成为越南、中东等

dì sān shì jiè guó jiā de bì bèi zhuāng bèi
第三世界国家的必备装备。

mǐ gé 米格-23 "bián tà zhě 鞭挞者"
zhàn dòu jī 战斗机

tí qǐ lì shǐ shang yǒu míng de pēn
提起历史上有名的喷

qì shì zhàn dòu jī kě yǐ shuō méi yǒu shéi
气式战斗机，可以说没有谁

néng zài shēng chǎn guī mó hé shēng chǎn sù dù shang yǔ sū lián mǐ gāo yáng shè jì jú yán zhì de mǐ gé zhàn
能在生产规模和生产速度上与苏联米高扬设计局研制的米格-23战

dòu jī xiāng bǐ tā háng chéng yuǎn zuò zhàn bàn jìng dà jī zài wǔ qì duō kōng zhàn néng lì qiáng de zhū duō yōu
斗机相比。它航程远、作战半径大、机载武器多、空战能力强的诸多优

diǎn shǐ tā qīng ér yì jǔ de chéng wéi shì jì nián dài sū lián de zhǔ lì zhuāng bèi zhī yī
点，使它轻而易举地成为20世纪70年代苏联的主力装备之一。

F-4 "鬼怪Ⅱ" 战斗机

作为美国第二代战斗机的典型代表，F-4"鬼怪Ⅱ"各方面的性能几乎都是拔尖的，它不但拥有良好的空战性能和强大的地面攻击能力，而且将空战装备技术水平推到了一个全新的高度，为后来大获成功的第三代战斗机的研制奠定了坚实的基础。因此，在世界战斗机的发展史上，F-4"鬼怪Ⅱ"具有极其重要的意义！而其在越南战争和中东战争中的多次出色表现，也使它大放异彩！

米格-29 "支点" 战斗机

作为苏联的第三代战斗机,米格-29"支点"的优点十分突出。它拥有良好的高亚音速机动性能,加速性能、爬升性能、过失机动性能也都相当不错;而它携带的大功率脉冲多普勒雷达以及先进的中距和近距空空导弹,更将它的空战能力提升到一个新的高度。不过,该机也存在一个致命的缺点:发动机油耗高,留空时间短,这使它的综合性能大打折扣。

扫码获取
更多精彩资源

F-14 "雄猫" 战斗机

作为20世纪70~80年代性能最先进的一代舰载战斗机，美国格鲁曼公司的F-14"雄猫"战斗机不但为美国海军建立了不朽的功勋，而且在同时代的舰载机中始终独领风骚。甚至有人说，美国海军拥有F-14的时期，是美国航母战斗群最安全、最威风、最壮观的时期，这算是对F-14战斗机最高的评价。事实上，正是由于F-14战斗机的存在，处于冷战后期的美国海军在航空兵力上才占据了绝对的优势。

F/A-18 "大黄蜂" 战斗机

F/A-18 "大黄蜂"是美国海军专门为航空母舰研发的对空、对地全天候多功能舰载战斗机。它不但可以作为战斗机使用，还可以以攻击机的身份发起攻击。对于空间有限的航空母舰而言，"大黄蜂"的这种性能简直太受青睐啦！事实上，在试飞中飞行员就发现"大黄蜂"所使用的F404型发动机拥有良好的加速性能，在加减油门时的反应很快，非常适合在空战中使用。而在实战中，它在最初的50万小时飞行中仅损失了22架，这是令许多战斗机望而兴叹的！

F-15 "鹰" 战斗机

在1991年的海湾战争中,168架F-15战斗机出动8100多架次,击落伊拉克各型飞机36架,而自己却无一在空战中受损。更令人称奇的是,自1974年服役至1996年,这只习钻的"鹰"共击落各种飞机96架,自己却没有一架被击落,这在战争史上绝对是一个奇迹,而这只创造了奇迹的"鹰",更是被人们奉为传奇。事实上,作为曾经显赫一时的F-4战斗机的继承型号,F-15获取的先天能量是非常充足的,无论是对空还是对地攻击,都毫不含糊,特别是近距离格斗和野战自主能力尤为强大。

苏-27 "侧卫" 战斗机

1989年6月的巴黎国际航展上，一架苏-27战斗机当着数万人的面做出了令人吃惊的动作：大角度爬升后突然将机头高高抬起，最终变仰立着悬停在巴黎的上空。这个过程就像发怒时高昂头部的眼镜蛇一样，因此被形象地称为"眼镜蛇机动"。世界上能完成眼镜蛇机动的飞机不多，而对于起飞重量高达33吨，仅最大燃油重量就超过F-16战斗机空重的苏-27来说，能完成这样的高难度机动动作，是十分让人震撼的。除了机动灵活外，这种飞机还拥有高速度和强火力，绝对是一位空战高手。

苏-27表演"眼镜蛇机动"

F-16 "战隼" 战斗机

作为性能卓越的第三代战斗机，来自美国的F-16"战隼"战斗机的生产总量截至目前已经达到了4000架左右，这个成绩十分罕见！更厉害的是，它除了被美国当作主力战机使用外，还热销海外，国外用户将近20个，获得了"国际战斗机"的绰号。F-16是作为F-15"鹰"式战斗机的低端搭档而研制的，最初的机载电子设备不及F-15，但后期型号经过改进，电子设备已相当完善，性能非常先进，作战效能和价格随之不断攀升，在综合性能方面甚至超过F-15，一跃成为著名第三代战斗机中的"大哥大"！

JAS-39 "鹰狮" 战斗机

它是一种非常成功的战斗机，被认为是西欧最先进战斗机中重量最轻、尺寸最小、最早投入使用，并兼具战斗、攻击、侦察等多种功能的战斗机。它就是瑞典萨博公司的 JAS-39 "鹰狮"战斗机。作为一种多功能战斗机，"鹰狮"的很多功能都令人惊讶：在所有的高度上都具有超音速的能力；可以从粗糙的道面上起飞；采用了集成化的航电设备，使飞行员具有良好的空情警觉性等。为了让该机在未来大有作为，萨博公司还将对"鹰狮"进行一些重大的改进：采用推力矢量系统，以提高飞机的机动性和作战效能；选用推力更大的发动机；减少雷达和其他外部特征值，增强飞机的隐身性能等。

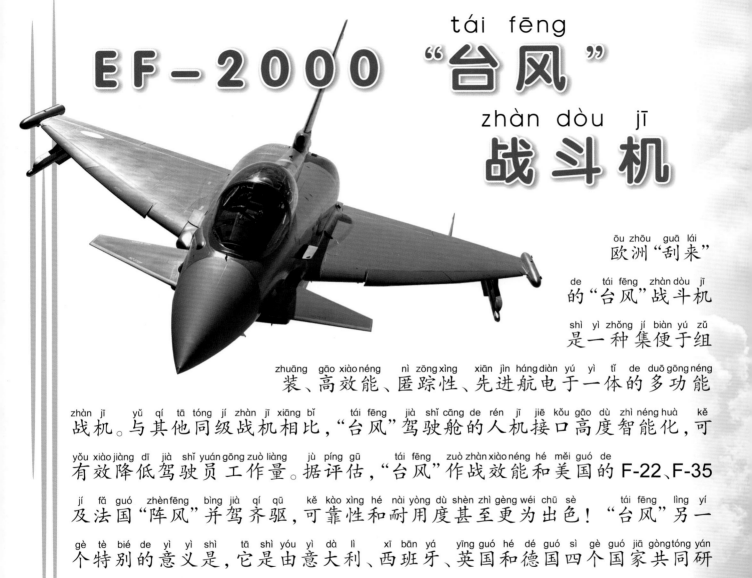

EF-2000 "台风"战斗机

欧洲"刮来"的"台风"战斗机是一种集便于组装、高效能、匿踪性、先进航电于一体的多功能战机。与其他同级战机相比，"台风"驾驶舱的人机接口高度智能化，可有效降低驾驶员工作量。据评估，"台风"作战效能和美国的F-22、F-35及法国"阵风"并驾齐驱，可靠性和耐用度甚至更为出色！"台风"另一个特别的意义是，它是由意大利、西班牙、英国和德国四个国家共同研制的，这在国际上尚属首次。可以说，"台风"在上战场之前就已经突破了国界的限制。

F-22 "猛禽" 战斗机

F-22"猛禽"是世界上最早量产服役的第四代战斗机。它具有超音速巡航、超视距作战、高机动性、对雷达与红外线隐身等特性,可执行夺取制空权、为作战提供空中优势、在战区空域有效地实施精确打击、防空火力压制和封锁、近距离空中支援等任务,作战能力约为大名鼎鼎的F-15"鹰"的2~4倍!遗憾的是,由于该机造价过高,维护起来相当昂贵,很少投入使用,大多数任务都交给了F-16"战隼"。

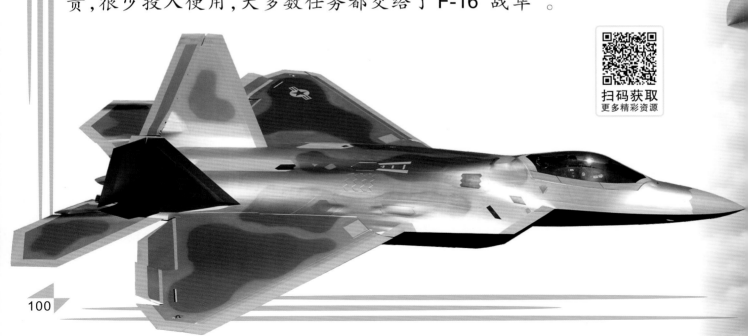

F-35 "闪电Ⅱ" 战斗机

有这样一种飞机，它有"世界战斗机"之称，参与研制的国家多达8个，研制经费达到空前的2000亿美元，它就是美国第四代战斗机F-35"闪电Ⅱ"战斗机！这种飞机集隐形、高机动性、高生存性于一体，不仅成为美军的新宠，而且得到多个国家和地区的青睐。此外，它还具有全天时、全天候攻击陆、海、空任何目标的能力。在未来的战场上，F-35将与F-22"猛禽"战斗机联手，由F-22负责清除敌方战机以及地空导弹的威胁，F-35则携载导弹对分散的地面目标实施全天候精确打击。

苏-57战斗机

20世纪80年代末，苏联开始研发新一代战斗机，以取代当时的主力机种米格-29和苏-27，当时的发展计划衍生出了苏-47和米格1.44两种机型。2002年，俄罗斯苏霍伊公司获得这个项目的研发权，他们融合了苏-47和米格1.44的技术，制造出了T-50原型机，并在2010年1月29日进行了首次试飞，而这个首飞时间比它的直接对手——美军的F-22晚了整整20年。2017年，高性能、多用途的T-50被正式命名为苏-57战斗机。

攻击机
gōng jī jī

攻击机主要用于从低空、超低空突击对方纵深目标，或直接支援地面部队作战。攻击机具有良好的低空操纵性、稳定性和良好的搜索地面小型隐蔽目标的能力，可配备品种较多的对地攻击武器。但因为攻击机是强行突破对方防空火力实施攻击，所以最容易被击落，因此为提高生存力，一般在其要害部位有装甲防护。

苏-25 "蛙足" 攻击机

在世界攻击机的队伍中，俄罗斯苏-25 "蛙足" 可谓威名远扬。这种飞机具有价格低廉、用途广、生存力强、维护性能好等特点。据说在海湾战争中，10架苏-25负伤后，在一天之内就修好了！而且在它的座舱周围及底部都装有钛合金防弹装甲，抵抗一般的地面炮火攻击没有任何问题。此外，该机还具有良好的亚音速性能和低空机动性能，可与米格-24武装直升机并肩攻击坦克和重要火力点，所以很受欢迎，它还曾装备保加利亚、匈牙利、朝鲜和伊拉克等国空军。

tiān yīng gōng jī jī
A-4 "天鹰" 攻击机

A-4"天鹰"是一种设计轻巧、在甲板上使用灵活、飞行性能优秀的飞机，曾是美国海军20世纪50年代—70年代末的主力攻击机。这种飞机在实战中表现非常出色。更令人震惊的是，在1982年的马岛海战中，这种设计于20世纪50年代的老式攻击机，居然击沉了英国现代化的"考文垂"号驱逐舰！不过，"天鹰"存在的问题是机体过小，导致载弹、载油量不大。

"美洲虎"攻击机

在1991年的海湾战争中，由英法两国共同研制的"美洲虎"攻击机投入了战斗。当英国的"美洲虎"满载各型炸弹、导弹在伊拉克上空狂轰滥炸时，在科威特境内的法国"美洲虎"则将目光投放在科威特境内的伊军导弹阵地和弹药库上。战斗中，"美洲虎"虽然略有损伤，但一直未被击落，由此可见其强大的生存能力。要知道，它们可是研制于20世纪60年代的战机，能在90年代的战争中有如此精彩的表现，足见其有两把刷子。

"超级军旗" 攻击机

在谈到超音速、传统起降舰载攻击等关键性术语时，有一种攻击机不得不提，它就是法国达索公司的"超级军旗"攻击机。在1982年的马岛海战中，由阿根廷飞行员驾驶的"超级军旗"用飞鱼飞弹击中英国海军"谢菲尔德"号导弹驱逐舰，首创空对舰飞弹击毁敌舰纪录！这使默默无闻的"超级军旗"一下子声名大噪。另外，该机还是法国第一种装备惯性导航系统的飞机，其安装的龙舌兰单脉波雷达，在实施空对海打击时，搜索距离可达110千米，有助于实施精确打击。

A-6 "入侵者" 攻击机

A-6 系列曾经是美国海军及陆战队性能最佳的全天候重型舰载攻击机,它具备特殊而强大的攻击力,无论是在赤道还是极地都能同样完成作战任务,尤以能完成夜间和恶劣天气下的奇袭任务而著称。此外,该机还具有载弹量大、航程远、夜战能力强等特点,普遍装备在美国各航母飞行联队中。1986年4月15日,美国空袭利比亚时,14架A-6舰载攻击机击沉和重创4艘利比亚导弹艇,自身却毫无损伤,不得不令人刮目相看!

A-7 "海盗 II"攻击机

尽管美国官方给了 A-7 "海盗二世"的绰号,但飞行员对它最流行的称谓却是"矮小丑陋的胖伙计",莫非这种飞机性能低劣?恰恰相反,它性价比很高,设计也非常成功。这种单座高亚音速轻型攻击机曾以优秀的近距离空中支援和纵深遮断能力折服了许多飞行员,并跻身美国主力攻击机之列。

AV-8 "鹞"式攻击机

"鹞"式是世界上第一种实用的可以垂直起落、快速平飞、空中悬停和倒退飞行的攻击机。1966年8月，这种飞机的原型机在诞生地英国首度起飞，因气动外形出色、机动灵活，征服了大批部队高官，就连大名鼎鼎的美国海军陆战队也为之垂涎。因此从1971年开始，美国麦道公司和英国航宇公司开始合作研制"鹞"式飞机的美国型号——AV-8B "鹞Ⅱ"。这种飞机的加盟，使美国海军陆战队拥有了第一种空中近距离支持机种。在海湾战争中，AV-8B"鹞Ⅱ"共出动3380架次，飞行4083小时，出击成功率达90%！

A-10 "雷电 II" 攻击机

虽然 A-10 的模样并不好看,甚至还被人用"疣猪"来形容。但"雷电"的绰号并非虚名,其快捷迅猛的身手,完全配得上这个名号。厚实的装甲使它可以承受23毫米穿甲弹和高爆弹的攻击;而强大的武器配备,则将它变成了一个凶狠毒辣的空中打手。作为当前美国最好的亚音速攻击机,A-10 的主要任务是攻击坦克群和战场上的活动目标及重要火力点。在海湾战争中,参战的120架A-10在整个战争期间摧毁坦克上千辆、各种军用车辆约2000辆、火炮1200多门。其中,两架A-10攻击机曾不可思议地在一天内击毁了23辆伊拉克坦克!

F-117 "夜鹰" 攻击机

F-117攻击机由美国洛克希德公司于20世纪70年代末开始研制，直到1988年才首次公布了真机的照片。F-117身形怪异，就是为了减小雷达反射面积，提高隐身性能。而F-117也正是因为隐身性能优越才闻名于世，成为世界上第一款可以正式作战的隐身攻击机。但随着防空雷达技术的进步，2008年4月22日，美国宣布最后4架F-117退出现役。至此，服役时间长达25年的第一代隐形战机就此退出历史舞台。

扫码获取
更多精彩资源

轰炸机

轰炸机是航空兵实施空中突击的主要飞机。它就像一座空中堡垒，除了投常规炸弹外，还能投掷核弹、核巡航导弹或发射空对地导弹，具有突击力强、航程远、载弹量大、机动性高等特点。轰炸机按武器可分为核轰炸机、巡航导弹载机和常规轰炸机。按航程可分为近程、中程、远程轰炸机。按载弹量可分为战术轰炸机、战役轰炸机和战略轰炸机。此外，现代轰炸机还装有受油设备，可进行空中加油。

JU87 "斯图卡"轰炸机

在第二次世界大战最初的18个月，盘旋在欧洲上空的纳粹德国"斯图卡"轰炸机简直成了死亡的代名词。该机的机体非常牢固，它所装备的自动计算装置可正确计算出开始俯冲和拉起机头的时间，所以它不但能以80°的角度急剧俯冲，而且俯冲极速能达到600千米/小时。另外，设在它前翼梁下的俯冲减速板和肥大的主起落架在俯冲时还能起到减速的作用。此外，JU87的轰炸精度更是达到了圆径误差25米左右，这在"二战"初期是非常难得的。

SB2C "地狱俯冲者" 轰炸机

SB2C "地狱俯冲者"是历史上最重的俯冲轰炸机,也是柯蒂斯公司为美国海军特别设计的最后一种俯冲轰炸机。这种飞机设计目的是取代性能更好的SBD"无畏"轰炸机,因此从一开始就处于不利地位。不过它用时间证明了自己在作战行动中的有效性,最终成为一种有效的可从航空母舰上起飞的俯冲和鱼雷轰炸机,而且性能明显超出了在太平洋战场上的日本同型飞机。

SBD "无畏" 轰炸机

它是一种似乎并不先进的武器，却出现在了最关键的时间和最关键的场合，并以平庸的身躯力挽狂澜，扭转整个战场的乾坤！这个英雄就是第二次世界大战中美军使用的SBD"无畏"俯冲轰炸机。它最大的优势是具有超强攻击力，同时还具有结构坚固的特性，这对于必须迎敌人炮火而下的俯冲轰炸机来说，是至关重要的。日军的"翔鹤"号大型航空母舰就是被"无畏"用3枚1000磅炸弹送回了老家，并使它错过了重要的中途岛海战。这种"一击制敌"的超强能力，使"无畏"几乎包揽了1942年美军海战中的所有主要战果。

"兰开斯特"轰炸机

在第二次世界大战英国对德国的轰炸中，有一种飞机不可不提，它就是大名鼎鼎的"兰开斯特"轰炸机！在整个"二战"期间，它作为英国皇家空军轰炸机中的主力机种，几乎包揽了全部重要战役的战斗任务，累计出击15万余架次，投弹60万余吨，占皇家空军战时总投弹量的2/3，雄踞全英之首，如此战绩如何叫人不赞叹！

该机的战绩得益于它使用的性能优异的"梅林"发动机、实用的大弹舱，以及丰富多样的作战模式！

图-2轰炸机

第二次世界大战中面对德国装甲厚、火力猛的"虎"式和"豹"式坦克，苏联坦克简直是欲哭无泪，这时候唯有请图-2轰炸机出马，才能消灭这些"怪物"！图-2是"二战"苏联生产型号最多、最成功的多用途中型轰炸机，它具有独特的空气动力学设计和内在的多功能性，尽管是轰炸机，但速度和战斗机差不多。同时，它还具有航程远、可以俯冲轰炸、生存能力强等优点。

B-25 "米切尔" 轰炸机

在参加"二战"的美军飞机中,B-25"米切尔"是非常走红的。它的使用极为广泛,无论在欧洲、北非还是太平洋战场上都能看到它的身影。而赫赫战功的建立,则将它由走红推向"红得发紫"。B-25具有载弹量大、航程远等良好性能。空袭东京时,装备陆军的"旱鸭子"B-25被要求在航母上起飞,但是这样的高难度动作一点儿也没吓倒这位"米切尔先生"。经过短暂的训练,B-25就学会了如何从短短的152.4米长的航母甲板上起飞。此外,在"二战"中期,B-25还掌握了一种类似鱼雷攻击的"跳跃"投弹技术,这为它之后的军旅生涯赢得了更多的荣誉。

B-17 "飞行堡垒" 轰炸机

fēi xíng bǎo lěi

hōng zhà jī

1943—1945年美国陆军航空队
nián měi guó lù jūn háng kōng duì

在德国上空大规模的白天密集轰炸
zài dé guó shàng kōng dà guī mó de bái tiān mì jí hōng zhà

作战中，B-17"飞行堡垒"重型轰炸
zuò zhàn zhōng　　fēi xíng bǎo lěi　zhòng xíng hōng zhà

机凭借优良的高空性能和出色的抗打击能力，在遭受到巨大的战斗创
jī píng jiè yōu liáng de gāo kōng xìng néng hé chū sè de kàng dǎ jī néng lì　zài zāo shòu dào jù dà de zhàn dòu chuāng

伤后仍能继续飞行，因此深得机组人员的信赖和喜爱。在他们心中，
shāng hòu réng néng jì xù fēi xíng　yīn cǐ shēn dé jī zǔ rén yuán de xìn lài hé xǐ ài　zài tā men xīn zhōng

B-17就是一只"不死鸟"。据"二战"后的统计数据显示，B-17在整个战
jiù shì yì zhī bù sǐ niǎo　jù èr zhàn hòu de tǒng jì shù jù xiǎn shì　zài zhěng gè zhàn

争时期共在欧洲上空投下580513吨炸弹，这个数字要远远高于其他
zhēng shí qī gòng zài ōu zhōu shàng kōng tóu xià　dūn zhà dàn　zhè ge shù zì yào yuǎn yuǎn gāo yú qí tā

任何型号的飞机。不过，作为主力轰炸机，B-17不但出勤率高得惊人，
rèn hé xíng hào de fēi jī　bú guò　zuò wéi zhǔ lì hōng zhà jī　bú dàn chū qín lǜ gāo de jīng rén

损失也相当惨重，大约有4700多架在战斗中被击落、失踪、战损报废，
sǔn shī yě xiāng dāng cǎn zhòng　dà yuē yǒu　duō jià zài zhàn dòu zhōng bèi jī luò　shī zōng　zhàn sǔn bào fèi

占据它生产总数的1/3还多。
zhàn jù tā shēng chǎn zǒng shù de　hái duō

B-29 "超级堡垒" 轰炸机

1945 年 8 月 6 日，一架名为"艾诺拉·盖"号的飞机在日本广岛上空投下了第一枚原子弹——"小男孩"；三天之后，另一架名为"伯克之车"的飞机在长崎投下第二枚原子弹——"胖子"。一瞬间，两座城市几乎被夷为平地，成千上万的人失去生命。投下这两颗原子弹的飞机正是 B-29"超级堡垒"轰炸机。这种飞机是在 B-17"空中堡垒"的基础上改进而来的，在继承 B-17 成功经验的基础上，将体积扩大到 B-17 的二倍以上，载弹量达 10 吨左右，最高时速可达 640 千米，真正实现了巨型轰炸机的超高速梦想。"二战"中，B-29 是美军对日本进行空袭的主力，为太平洋战争的提前结束立下了汗马功劳。

投向广岛的"小男孩"原子弹

图-22M "逆火" 轰炸机

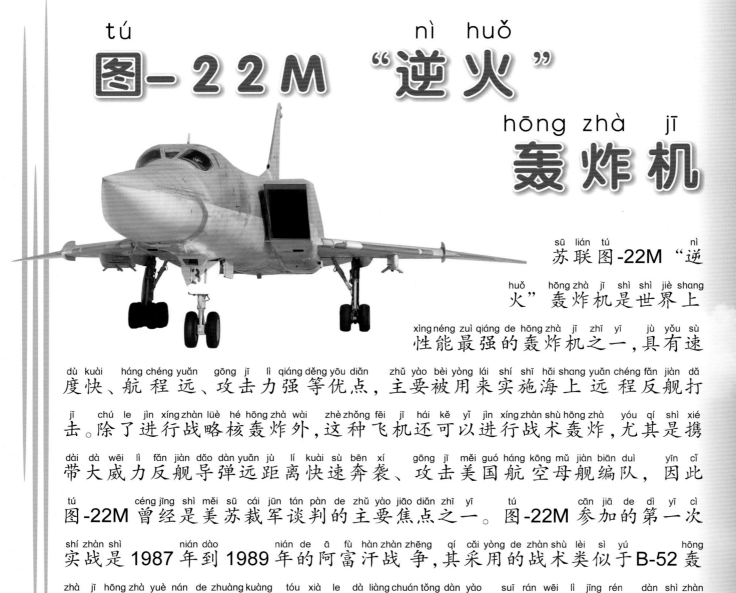

苏联图-22M "逆火" 轰炸机是世界上性能最强的轰炸机之一，具有速度快、航程远、攻击力强等优点，主要被用来实施海上远程反舰打击。除了进行战略核轰炸外，这种飞机还可以进行战术轰炸，尤其是携带大威力反舰导弹远距离快速奔袭、攻击美国航空母舰编队，因此图-22M曾经是美苏裁军谈判的主要焦点之一。图-22M参加的第一次实战是1987年到1989年的阿富汗战争，其采用的战术类似于B-52轰炸机轰炸越南的状况，投下了大量传统弹药，虽然威力惊人，但是战略效果有限。

图-95 "熊" 轰炸机

在苏联所有的军用飞机中，图-95风景独占。当它在高空巡航时，纯金属的机身在太阳的照耀下熠熠生辉，巨大的发动机后拖着长长的雾带，阵势颇为壮观。作为苏联体型最大的轰炸机，图-95采用了独特的后掠机翼和涡轮螺旋桨发动机设计，利用喷气动力驱动巨大的逆旋螺旋桨，从而使飞机拥有了大航程和较高的飞行高度，以及高达15吨的载弹量，它几乎有着和喷气式轰炸机一样快的速度。该机的缺点是不适合在3000米以下的高度飞行，自卫能力较差。

扫码获取
更多精彩资源

B-1B "枪骑兵" 轰炸机

qiāng qí bīng

hōng zhà jī

它没有 B-2 飞机的隐身魅力，也没有服役 40 多年的 B-52 "同温层堡垒" 的威望，但却以高达 61 吨的载弹量和 12000 千米的最大航程（不进行空中加油）受到众人的仰慕，它就是由美国罗克韦尔公司研发于 20 世纪 60 年代的多用途超音速可变后掠翼战略轰炸机——B-1B "枪骑兵"。这种飞机可以携带大量的核武器或常规武器进行低空超音速核打击，在 2003 年的伊拉克战争中，B-1B 曾有精彩的表现。当时，一架 B-1B 在收到地面指挥部发来的目标坐标后，很快将 4 颗重磅精确制导炸弹送到了目标的头顶。从寻找目标到完成攻击只用了 12 分钟，效率之高让人叹为观止！

图-160 "海盗旗" 轰炸机

在苏联和美国的武器库中，有两种轰炸机非常相似，它们就是图-160 "海盗旗"和B-1B "枪骑兵"，这两种飞机都采用了可变后掠翼和4台外置涡扇发动机，作战任务也雷同。不同的是，图-160要比B-1B大许多，自重达到了惊人的118000千克，位居全球之首。即使身躯如此沉重，它依然拥有14000千米的最大航程。另外，该机的发动机推力也大大超过B-1B。图-160单台（加力）发动机推力为25000千克，B-1B单台发动机最大推力只有8000千克。有如此强大的发动机提供支持，"海盗旗"甚至可以完成高空超音速情况下的作战，总体性能胜B-1B一筹。

B-52 "同温层堡垒" 轰炸机

作为美国服役时间最长的作战飞机，B-52"同温层堡垒"从1955年2月开始装备部队，先后发展出B-52A、B、C、D、E、F、G、H等8种型，其中有76架H型至今仍在服役，美国空军计划让其服役至2050年，届时服役时间将长达90年，绝对属于长寿机种。但仅有长寿是不够的，B-52的另一个长处是可以携带31.751吨炸弹上升到地球的同温层，所以赢得了"同温层堡垒"这一光荣绰号。此外，该机还是同时期最大的纯喷气动力轰炸机。在整个越南战争期间，B-52作为美军的火力主体，投下了300多万吨炸弹，几乎占到美军总投弹量的1/2，而它的出动次数却还不及美军飞机出动总次数的1/10，在航程、载弹量等战争中各方面的表现都十分出色。

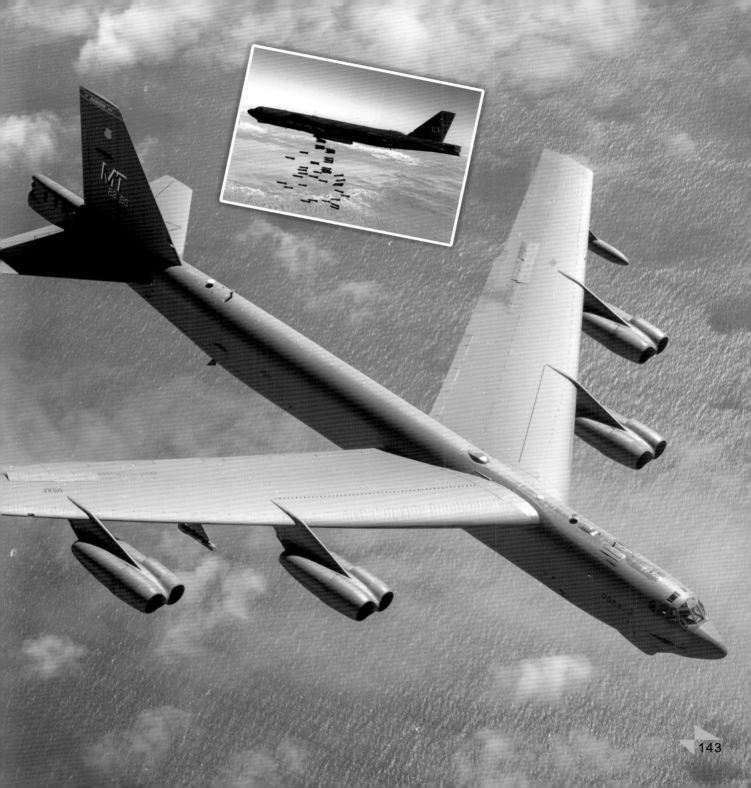

B-2 "幽灵" 轰炸机

诺斯罗普公司的 B-2 是目前世界上最先进的战略轰炸机，也是唯一的大型隐身重型轰炸机，集大航程、大载弹量、高生存力和高隐身性能于一身，可谓各种尖端科技的融合体。这种飞机的研制构想始于1975年，1988年11月首架原型机出厂，其简单的外形和涂有特殊涂层的外表，使它的雷达反射面积还不到0.1平方米。因此，高速且隐身的B-2轰炸机在浩瀚的天空中几乎可以达到来无影去无踪的境界。可以想象，当这种隐形庞然大物携带先进的 AGM-69SRAM Ⅱ 导弹或AGM-129巡航导弹等飞抵目标上空时，对手将会遭受多么惨重的打击。

武装直升机

武装直升机是装有武器、为执行作战任务而研制的直升机,可分为专用型和多用型两大类。专用型机身窄长,作战能力较强;多用型除可用来攻击外,还可用于执行运输、机降等任务。武装直升机具有很多独特的性能,比如飞行速度快,最大时速可超过300千米;反应灵活,机动性好;能贴地飞行,隐蔽性好,生存力强;机载武器的杀伤力大;等等。武装直升机在现代战争中发挥着日益重要的作用,可完成攻击坦克、支援登陆作战、掩护机降、火力支援、直升机空战等多项任务,被称为"战场上的多面手"。

146

RAH-66 "科曼奇" 武装直升机

kē màn qí
wǔ zhuāng zhí shēng jī

美国的RAH-66"科曼奇"直升机是世界上第一架数字智能化隐形武装直升机,由于综合考虑了对雷达探测、红外线探测、目测、音响探测等各方面的隐身,它的隐身性能达到了前所未有的水平。除此之外,该机的气动设计、材料、电子等诸多方面即使在今天看来仍然是非常先进的。遗憾的是,在耗费69亿美元和21年光阴后,美国于2004年2月突然宣布终止"科曼奇"的研制计划,究其原因,恐怕和世界反隐形技术手段的发展突飞猛进有关。

CSH-2 "石茶隼" 武装直升机

由南非阿特拉斯飞机公司研制的CSH-2"石茶隼"直升机可谓非洲直升机中的一匹黑马。由于借鉴了美国AH-64"阿帕奇"的外形设计技术，又采用了法国AS-332的旋翼和发动机部件等，所以该机起步较高，尤其在光电探测火控系统方面，甚至达到了世界领先水平。先进的反坦克导弹系统，使其战斗力更是如虎添翼，不可小觑。

A-129 "猫鼬" 武装直升机

A-129的绰号为"猫鼬",是意大利阿古斯塔公司推出的欧洲第一种专用武装直升机,1990年起正式进入意大利陆军航空兵服役,经历过实战考验。后来问世的A-129国际型又进一步提升了性能。该系列可执行对地进攻、侦察、监视和搜救等任务,具有飞行速度快、航程较远、生存性好、可昼夜作战、对地进攻能力强的优点,是当时性能一流的武装直升机。

AH-1 "眼镜蛇" 武装直升机

yǎn jìng shé
wǔ zhuāng zhí shēng jī

它是世界上第一种名副其实的武装直升机，拥有"蛇""蝮蛇""威士忌""祖鲁"等多个绰号。20世纪60年代中期，当这种为了对付越南战争而研发的直升机匆匆亮相时，许多人认为它只是一个过渡产品，几十年过去了，那些试图替代它的直升机来了又去，它却历久弥新，仍不断以新面貌驰骋于蔚蓝天空，这就是美国贝尔公司的AH-1"眼镜蛇"直升机。由于具有总体性能优良和火力强大等优势，它被誉为武装直升机中的经典之作，曾被许多国家用于装备空军。

米-24 "雌鹿" 武装直升机

米-24是苏联第一代专用武装直升机,1973年正式装备部队,共生产了2300余架。它的主要任务是为坦克集群提供掩护,压制地面敌军和防空火力,强行空降少量步兵部队。但在使用中,米-24更多地担负了反坦克任务,并具有一定反直升机能力。在两伊战争中,作为对手,米-24的机载武器性能和作战效率远远超过了AH-1。

AH-1Z "蝰蛇" 武装直升机

kuí shé yǐ jù dà ruì lì de dú yá hé zhǔn què kuài sù de gōng jī yáng míng dòng wù jiè měi guó zhī suǒ
蝰蛇以巨大锐利的毒牙和准确快速的攻击扬名动物界,美国之所

yǐ yǐ tā wèi zhí shēng jī mìng míng dà gài shì xī wàng néng yōng yǒu kuí shé yí yàng de gōng
以以它为AH-1Z直升机命名,大概是希望AH-1Z能拥有蝰蛇一样的攻

jī lì ba shì yǐ wéi jī chǔ fā zhǎn ér lái bìng quán miàn fān xīn le háng diàn xì tǒng
击力吧。AH-1Z是以AH-1为基础发展而来,并全面翻新了航电系统、

xuán yì hé dòng lì xì tǒng yóu qí shì háng diàn xì tǒng yǐ dá dào shì jiè zuì xiān jìn shuǐ píng shǒu jià
旋翼和动力系统,尤其是航电系统,已达到世界最先进水平。首架AH-1Z

yú nián yuè chū chǎng bìng yú tóng nián yuè rì jìn xíng le shǒu fēi
于2000年11月出厂,并于同年12月7日进行了首飞。

153

EC-665 "虎"式武装直升机

"虎"式武装直升机由德国和法国合作研制，是一款外形尺寸小、隐身性能强、自动化程度高的武装直升机，用于执行进攻、密接支援、监视和搜索等任务。主要可分为火力支援型和反坦克型两种型别。该机为前后串列双座设计，两名乘员为前后座位配置，但乘员乘坐顺序却有些特别，即飞行员在前座而炮手在后座，这与其他武装直升机正好相反。为了提升后座炮手的视野，该机的座椅分别偏向中心线的两侧。

卡-50 "黑鲨" 武装直升机

1993年，在世界著名的英国法恩伯勒航空展上，来自俄罗斯的卡-50"黑鲨"以3个世界第一震惊四座：第一架采用单人座舱的武装直升机；第一架采用同轴反转旋翼的武装直升机；第一架装备弹射救生座椅的直升机。另外，它还可以发射AT-9"旋风"式超音速导弹，最大射程10千米，能穿透900毫米的装甲。

米-28 "浩劫"武装直升机

米-28由于借鉴了同样出自米里设计局的米-24的成熟经验,并着重强化了飞机的地面攻击能力和战场生存性能,所以它一开始就具有了很强的战场适应能力。而后期型号米-28N在进一步加强战斗生存能力的同时,还突出了夜间和恶劣环境下的战斗力,大获俄罗斯军方青睐,顺利晋级为俄罗斯的新一代武装直升机。

AH-64 "阿帕奇"武装直升机

AH-64"阿帕奇"直升机是美国乃至全世界最先进的全天候武装直升机,以火力强大、速度快、生存性能良好和机载电子设备完善等闻名于世。

AH-64的飞行性能十分出色,可以在极低的高度和复杂地形飞行,虽然飞行速度不快,但在短距离突袭和火力支援方面有着非常好的实战能力。可执行进攻、战场控制、突进袭击和密接火力支援等多种作战任务。在2003年美军对伊拉克实施大规模空袭前的22分钟,"阿帕奇"发射3枚"海尔法"导弹,摧毁了伊拉克西部两个地面雷达站,从而为空袭部队提供了安全走廊,保证了空袭的成功。此后,1架AH-64A"阿帕奇"又以摧毁23辆坦克的惊人战绩被载入史册。

我的第一本飞机知识大全

wǒ de dì yī běn fēi jī zhī shi dà quán

扫码开启你的探索之旅

👤 **同步音频** 全书配套音频讲读，帮助阅读

📰 **趣味百科** 增加奇趣知识，扩展阅读

📖 **知识加油站** 延展有趣内容，丰富阅读

还有【互动专区】【拼图游戏】【社内书单】等你来体验

微信扫码，获取本书线上资源